LA MATRONA ANTE EL SHOCK OBSTÉTRICO Y EL EMBOLISMO DEL LIQUIDO AMNIOTICO

Rocío Esperanza García Galán

Carmen María Cárdenas de Cos

Para Miguel Ángel y Julio María

INDICE
1. Definición y concepto de shock obstétrico.
2. Tipos de shock.
3. Traumatismos
4. Manejo de la embarazada en situaciones de urgencia.
5. El embolismo del líquido amniótico.

1. DEFINICION Y CONCEPTO DE SHOCK OBSTÉTRICO

Un **SHOCK OBSTÉTRICO** es una insuficiencia circulatoria aguda que se presenta en la mujer embarazada, durante el parto o el puerperio. Se trata de una complicación grave, si bien poco frecuente gracias a la mejora del control y la atención al embarazo, y también a la menor duración del parto.

La causa más frecuente es la hemorragia. La segunda causa es de origen infeccioso, aunque con el uso de los antibióticos es cada vez menos frecuente.

CONCEPTO

Podemos definir el shock como una insuficiencia circulatoria producida por uno o más de los tres elementos fundamentales del sistema: corazón, volemia y circulación capilar.

Las repercusiones de esta alteración conducen a una deficiente perfusión hística que provoca sufrimiento celular hipóxico.

En el embarazo adquiere características especiales

por la sobrecarga circulatoria que conlleva la gestación.

Durante el embarazo se producen una serie de cambios fisiológicos que repercuten tanto en el diagnóstico, como en la evolución como en el tratamiento del shock.

Debido a la presencia de un útero gestante, existe una compresión de la vena cava inferior, la cual es más importante en el decúbito supino. En esta posición puede existir una caída en el gasto cardiaco importante y puede ser causa de falta de respuesta a maniobras de RCP por lo demás adecuadas.

La compresión del útero grávido, sobre las vísceras abdominales, provoca que éstas se desplacen hacia arriba, comprimiendo a su vez al diafragma, el cual a su vez, impide que los pulmones, puedan expandirse al 100%, fruto de todo ello, es una disminución de la capacidad ventilatoria global.

Durante la gestación existe un mayor consumo de oxigeno, ya que se "reparte" para dos seres vivos

Todo esto hace que en situaciones criticas, la capacidad de respuesta cardiorrespiratoria de la embarazada no pueda responder a tales exigencias.

El diagnóstico clínico de shock se establece cuando coexisten más de tres de los siguientes signos:

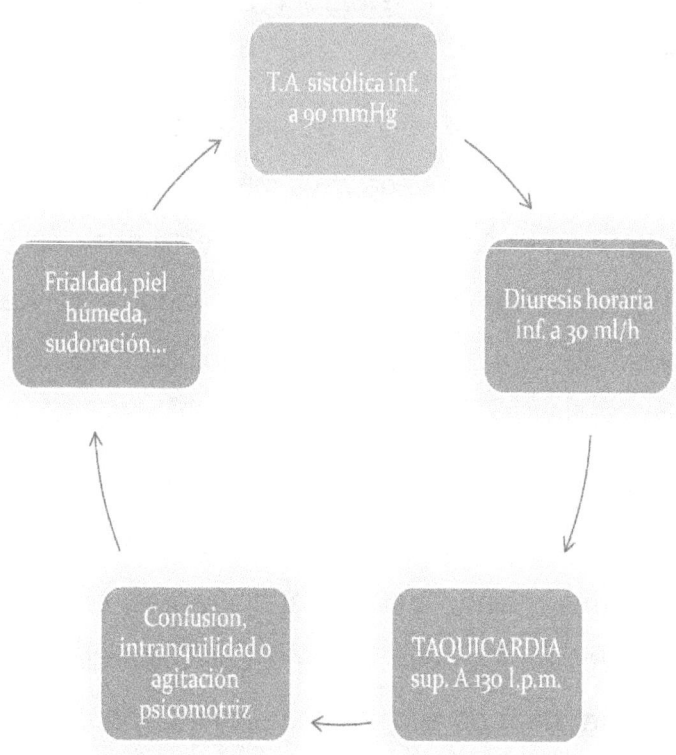

2. TIPOS DE SHOCK

La clasificación actual reconoce cuatro entidades:
- Shock hipovolémico
- Shock cardiogénico
- Shock obstructivo
- Shock distributivo

SHOCK HIPOVOLÉMICO

El shock hipovolémico más frecuente es el secundario a hemorragias. Suelen asociarse a trastornos de la coagulación tipo fibrinólisis o coagulopatía de consumo.

En presencia de hemorragia activa, la embarazada dispone de un mayor volumen sanguíneo, lo que le permite mantener los signos vitales durante un período más prolongado que otra persona no embarazada.

El pulso y la TA pueden estar en niveles normales hasta el momento de entrar en fracaso hemodinámico franco (shock).

Tipos de shock hipovolémico:
- Shock hemorrágico
- Shock hipovolémico no hemorrágico.
- Shock cardiogénico

El shock cardiogénico primario es excepcional en obstetricia.

Etiología del paro cardíaco en la embarazada:

La gestación como tal es un proceso fisiológico y no una enfermedad, por lo que las causas que suelen provocar la PCR durante el embarazo suelen ser las mismas que en una persona no embarazada.

Generalmente son situaciones agudas que se corresponden con problemas médicos y/o quirúrgicos como: traumatismos, embolia pulmonar, hemorragias e hipovolemia, cardiopatías, intoxicaciones y shock séptico.

CAUSAS PARO CARDÍACO

a.- Causas directas relacionadas con el momento del parto:
- Embolia de liquido amniótico

- Eclampsia
- Intoxicaciones por fármacos utilizados en la sala de partos (Sulfato de Magnesio, anestésicos: BUPIVACAÍNA.)

b.- Causas relacionadas con los cambios fisiológicos del embarazo

- Miocardiopatía congestiva
- Disección aórtica
- Embolia pulmonar
- Hemorragia

c.- Lesiones traumáticas

- Accidentes de circulación
- Violencia doméstica
- Traumatismos penetrantes
- Lesiones por arma blanca
- Lesiones por arma de fuego
-

d.- Intento de autolisis

Shock obstructivo extracardíaco

Tromboembolismo pulmonar. Síntomas:
- Disnea
- taquipnea
- dolor pleurítico
- ansiedad,
- tos,
- taquicardia,
- Aumento Tª
- síncope.

ACTUACIÓN DE LA MATRONA EN LA PREVENCIÓN DEL T.E.P.

Es importante fomentar la deambulación temprana tras el parto teniendo en cuenta factores cono dolor, analgesia,...

Informar de la conveniencia de realizar ejercicios con las piernas en la cama mientras tanto(cesárea, pérdida hemática importante...)

Shock distributivo

Se produce por disfunción vasomotora secundaria a perdida del tono vascular: shock neurogénico o alteración de la microcirculación sanguínea:

- Shock séptico y anafiláctico
- Shock neurogénico

Este tipo shock es el resultado de una lesión o de una disfunción del sistema nervioso simpático. Se puede producir por bloqueo farmacológico del sistema nervioso simpático o por lesión de la médula espinal a nivel o por encima de T6.

Las neuronas del sistema nervioso simpático localizadas en la porción toracolumbar de la médula espinal reciben estímulos cerebrales para mantener los reflejos cardioacelerador y vasoconstrictor. Los estímulos enviados desde el troncoencéfalo atraviesan la médula cervical y torácica alta antes de abandonar el sistema nervioso central, por lo que un bloqueo farmacológico o una daño medular que interrumpa estos reflejos producirá una pérdida del tono vascular con gran vasodilatación y descenso de la precarga por disminución del retorno venoso, así como bradicardia (que acentúa la hipotensión).

El patrón hemodinámico se caracteriza por un Gasto Cardiaco bajo, con descenso de la precarga (PVC, PAOP) y disminución de las resistencias vasculares periféricas.

Entre las causas más probables se encuentran el síndrome vagal, embarazo ectópico, hematoma disecante, rotura uterina, peritonitis...

Shock séptico

Sepsis con hipotensión que no responde al aporte de volumen, asociada a alteraciones de la perfusión con acidosis láctica, oliguria o alteración aguda del estado mental.

ETIOLOGÍA:

ANTEPARTO: Coriamnionitis, listeriosis, pielonfritis, i.t.u., aborto séptico.

POSPARTO: Endometritis, infección de la herida quirúrgica,..

INCIDENTALES: Apendicitis, peritonitis, endocarditis, colecistitis, neumonía.

Manifestaciones

- Fiebre o hipotermia
- Hipoxemia
- Confusión mental
- Oliguria
- Taquicardia
- Taquipnea

Complicaciones

- Síndrome de sufrimiento respiratorio en el adulto
- C.I.D.
- Hipotensión
- Insuficiencia multiorgánica
- Insuficiencia renal

Las causas más frecuentes que encontramos en este tipo de shock son:

CORIOAMNIONITIS: La incidencia asociado a infección intramniótica es inferior al 1%. Sin embargo la gran mayoría de muertes maternas por sepsis son por este motivo. Aparece fiebre, dolor a la palpación, taquicardia fetal,..

ENDOMETRITIS PUERPERAL: Durante el siglo XIX el streptococo grupo A estuvo asociado a la mayoría de las muertes maternas. Hoy sigue siendo la causa más frecuente de shock séptico. El riesgo es mucho mayor tras la cesárea. Se manifiesta con fiebre, dolor sensibilidad a la palpación y flujos malolientes.

Shock anafiláctico

Se define como hipersensibilidad sistémica tipo I que ocurre en individuos con características inmunológicas especiales y que resulta en manifestaciones mucocutáneas, cardiovasculares y respiratorias que pueden poner en riesgo la vida.

Síntomas:

- MUCOCUTÁNEOS: Urticaria, angioedema, prurito.
- RESPIRATORIO: Disnea, laringoespasmo, estridores, tos, sibilancias...

- **CARDIOVASCULAR**: Hipotensión arterial, vasodilatación, aumento de la permeabilidad capilar que lleva a pérdida de líquido intravascular, taqui/bradicardia, dolor torácico, síncope.
- **DIGESTIVOS**: Naúsea, vómito, diarrea, cólicos abdominales

TRATAMIENTO

En adultos la dosis indicada de **adrenalina** vía intramuscular es de 0.3 a 0.5 mL de una solución de 1:1.000, es decir, 0.3 a 0.5 mg de la misma dilución. Algunos autores mencionan la utilización de dosis de 0.1 mL vía endovenosa de una solución de 1:1.000 de adrenalina para el manejo de pacientes con hipotensión o para aquellos que hayan sido refractarios al medicamento intramuscular, sin embargo, la administración de medicamento endovenoso se ha relacionado con mayores efectos secundarios y, solo debe considerarse en un paciente con un compromiso sistémico severo.

Ya que el shock anafiláctico puede generar en un colapso cardiovascular, es importante que el equipo de salud esté atento y preparado ante cualquier signo de deterioro que requiera apoyo vital, por lo tanto una evaluación inicial y reevaluación constantes del paciente haciendo énfasis en el ABC (vía aérea, ventilación, circulación) son fundamentales.

Existen otros tipos de shock:shock postraumático, traumas por tráfico, shock emocional...

Shock eléctrico.

Es controvertido el hecho de que un shock eléctrico pueda conducir a muerte fetal o daño, ya que el líquido amniótico es un excelente conductor de electricidad. Los primeros casos publicados, reportaron una incidencia alta de muerte fetal (11/15), lo que no ha sido repetido en estudios prospectivos posteriores (estudio posterior de 31 embarazadas víctimas de electricidad, comunicó que 28 habrían tenido nacimientos de niños normales, comunicándose un solo aborto).Así, si bien el riesgo parece ser bajo, sería recomendable observar al menos 24 horas a una embarazada y a su hijo después de haber sufrido una lesión eléctrica.El manejo de lesiones por electricidad sería el tratamiento de las lesiones y exámenes de laboratorio. Además realizar test basal no estresante.

TRAUMATISMOS

El traumatismo es la causa más frecuente de morbimortalidad materno-fetal en el periodo fértil de la mujer en los países industrializados de causa no obstétrica.

Las respuestas del organismo de la mujer embarazada a la situación traumática son diferentes a las de las personas no embarazadas.

El riesgo vital del feto supera al de la madre sin embargo nuestros esfuerzos se orientarán al tratamiento agresivo de ésta como garantía de supervivencia fetal. El efecto de los traumatismos en el embarazo está influenciado por la edad gestacional, el tipo y la gravedad del traumatismo.

El SHOCK HIPOVOLÉMICO y el TCE son los mayores exponentes de muerte materno- fetal y afectan predominantemente al tercer trimestre de la gestación.

Las fracturas pélvicas condicionan hemorragias severas que deben ser controladas de forma inmediata y agresiva. La insuficiencia ventilatoria por traumatismo torácico causa hipoxia secundaria diferida.

Existen una serie de prioridades:

- Salvar a la madre
- Salvar al feto
- Salvar la capacidad reproductora

4. MANEJO DE LA EMBARAZADA EN SITUACIONES DE EMERGENCIA

Si existe indicación para la inserción de un tubo torácico, la toracocentesis se efectuará en el tercer o cuarto espacio intercostal, teniendo en cuenta que en la gestante el diafragma está ascendido en unos cuatro o cinco centímetros.

El PANTALÓN ANTISHOCK puede ser un complemento en la reperfusión usando sólo compresión en los miembros inferiores y absteniéndose del uso de la cámara abdominal que podría comprometer el flujo útero-placentario.

La canalización de la VÍA FEMORAL se evitará ya que la obstrucción parcial de la vena cava por el útero limita el flujo y por tanto la eficacia de la administración de fármacos y fluidos.

Debemos desplazar al útero suavemente con la mano hacia la izquierda, o mejor aun, colocar a la embarazada en decúbito lateral izquierdo con un ángulo entre 30 y 45º, para ello, podemos apoyarla sobre nuestras piernas o bien utilizar el espaldar de una silla bocabajo.

En caso de paro cardiorrespiratorio en la embarazada, se debe actuar, pensando en la causa potencial que provocó el paro cardiorrespiratorio y manejando líquidos, drogas y desfibrilando cuando sea necesario.

Hay que tener en cuenta que en caso de obstrucción de la vía aérea, la desobstrucción se realiza con compresiones torácicas en lalínea media del esternón y no en abdomen (Heimlich).

Exise un mayor riesgo de reflujo gastroesofágico y por tanto de broncoaspiración debido a la compresión y elevación del diafragma.

El tratamiento de un shock obstétrico consiste, en primer lugar, en eliminar la causa (hemorragia, foco infeccioso) y paliar urgentemente sus consecuencias: con reanimación, liberación de las vías respiratorias, administración de oxígeno, perfusión, transfusión...

MANEJO:

- En la resucitación inicial colocaremos a la gestante en decúbito lateral izdquierdo o desplazando el útero grávido hacia la izquierda con una suave cuña.
- No están contraindicados los inotropos y vasopresores.
- La dopamina y noradrenalina pueden disminuir el flujo uterino.

- Canalización de dos accesos venosos con un calibre mínimo de 18G para procedera reposición de fluidos y/o administración de medicación
- La monitorización fetal hay que dejarla para cuando la mujer esté estabilizada y teniendo en cuenta que se pueden administrar fármacos que alteren la frecuencia cardíaca fetal.

En cuanto a la reposición de volumen con cristaloides y coloides, consultamos varios estudios sobre el tema y las conclusiones de los autores fue que;no había pruebas de los estudios controlaos aleatorizados(ECA) que sugirieran que la reanimación con coloides redujo el riesgo de muerte, comparada con la reanimación con cristaloides, en pacientes con traumatismos, quemaduras o después de una cirugía. Como los coloides no se asocian con una mejoría en la supervivencia, y son más costosos que los cristaloides, resulta difícil ver cómo puede justificarse su uso continuo en estos pacientes fuera del contexto de los ECA

RCP EN LA EMBARAZADA

Recordar algunas particularidades de la gestante a tener en cuenta cuando se proceda a su reanimación:

La compresión del útero grávido, sobre la vena cava inferior provoca reducción significativa del retorno venoso, lo que puede provocar hipotensión y shock, de ahí que en estas situaciones sea recomendable colocar a la embarazada en decúbito lateral izquierdo, o bien desplazar el útero suavemente con la mano hacia la izquierda, y la colocación de cuñas, para mantener una posición intermedia entre el decúbito lateral izquierdo y el decúbito supino.

Existen unas condiciones que van a afectar al éxito de la cesárea postmorten:

- Edad fetal (> 24-28 semanas son óptimas).
- Tiempo entre el inicio del paro cardiaco materno y la extracción del feto.
- La eficacia de maniobras de RCP materna durante la cesárea, ya que esto va a favorecer la oxigenación tanto materna como fetal.
- Disponibilidad de expertos en resucitación

neonatales.

- La causa que originó la parada cardiorrespiratoria

de la madre.

5. EMBOLISMO POR LIQUIDO AMNIÓTICO

DEFINICIÓN

La embolia de líquido amniótico (ELA) es una enfermedad infrecuente, impredecible y no prevenible, que se asocia con elevados índices de mortalidad materno-fetal y con graves secuelas neurológicas entre las sobrevivientes. En la actualidad representa alrededor del 10% de las causas de fallecimientos maternos en países desarrollados. Es la catástrofe obstétrica más peligrosa y de más difícil tratamiento.

Desde la primera descripción de la enfermedad (Meyer 1927) hasta la fecha, se publicaron en la literatura de habla inglesa, cientos de casos de ELA (Mabie 2000). A pesar de los estudios realizados, la patogenia de la enfermedad no resulta debidamente aclarada y la mortalidad actual persiste elevada: 60% aproximadamente (Clark 1997, Cohen 2000).

CLÍNICA
- Insuficiencia respiratoria aguda
- Colapso cardiocirculatorio
- Convulsiones

- Coagulopatías

El 80% desemboca en parada cardiorrespiratoria

INCIDENCIA

Su incidencia es escasa, mientras que tanto la mortalidad materna como la fetal permanecen aún muy elevadas.

Varía según áreas geográficas, desde 1/27000 en el sudeste de Asia hasta 1/80000 en Inglaterra.

El ELA se sitúa entre la quinta y la sexta causa de muerte materna en los países desarrollados;por detrás de la eclampsia, los trastornos hemorrágicos y los tromboembólicos.

El Grupo de Estudio para la Salud Materna de Canadá analizó los datos de más de tres millones de partos ocurridos entre 1991 y 2002 en el país norteamericano. Entre los embarazos de un solo feto (el 98,8%) se produjeron 180 casos de embolia (seis de cada 100.000), 24 de los cuales fueron mortales (13%).

La verdadera naturaleza y gravedad de esta

temible complicación nos dan idea las cifras de morbimortalidad publicadas por distintos autores: así la mortalidad materna puede variar del 61% al 86%, con un porcentaje de daño neurológico en las supervivientes por encima del 80%, mientras que sólo el 39% de los fetos vivos en el momento del evento sobrevivieron, y únicamente un 15% de las afectadas por un ELA superaron el proceso sin secuelas.

ETIOLOGÍA

La descripción del primer caso de ELA fue publicado por J. Meyers en 1926

En el quedó demostrado la existencia de células epiteliales fetales en el interior de pequeños vasos y capilares pulmonares maternos.

Basándose en este hallazgo, años más tarde, Steiner y Lushbaugh revisaron autopsias en mujeres fallecidas durante el tercer trimestre de gestación, y encontraron en 8 de ellas la existencia de células fetales en los capilares pulmonares.

La causa inicial es la entrada de líquido amniótico

en la circulación materna con afectación especial del territorio vascular pulmonar. La cantidad de líquido que debe pasar al compartimento vascular materno, el punto donde la barrera fetoplacentaria dejaría vía libre a este trasvase de líquido y cuál o cuáles son con certeza los componentes del mismo que producen este cuadro clínico, quedan como puntos aún no aclarados.

En el siguiente estudio: "Amniotic-fluid embolism and medical induction of labour: a retrospective, population-based cohort study ".Kramer MS, Rouleau J, Baskett TF, Joseph KS; Maternal Health Study Group of the Canadian Perinatal Surveillance System, los investigadores hallaron fuertes asociaciones entre la aparición de esta complicación y varios factores. Según los datos, "el embolismo por líquido amniótico aparecía el doble de veces entre las mujeres a las que se les había inducido el parto en comparación con las que tuvieron uno natural".

En las indicaciones del syntocion nos advierte que: "En el caso de óbito del feto(intrautero),y/o en la presencia de manchas de meconio en el líquido amniótico, se debe evitar el trabajo de parto acelerado ya que puede provocar embolia del liquido amniótico". SANDOZ, S.A. de C V.Reg. Num. 50693 SSA IV

En otro estudio:" Misoprostol vaginal para la maduración cervical y la inducción del trabajo de parto" Hofmeyr GJ, Gülmezoglu AMLa Biblioteca Cochrane Plus 2011 Número 1 ISSN 1745-9990 , se informaron complicaciones maternas graves en un estudio (025 Wing 1996): una muerte en una primípara, ocurrida nueve horas después de una dosis única de 25 µg de misoprostol y poco después de la amnioinfusión y la analgesia epidural, como consecuencia de una embolia de líquido amniótico.

No se evidenciaron diferencias en cuanto a los resultados perinatales o maternos. Sin embargo, los estudios clínicos no incluyeron el número de mujeres suficiente como para evaluar la probabilidad de complicaciones adversas graves poco frecuentes tanto perinatales como maternas

FACTORES PREDISPONENTES:

- Edad materna avanzada.
- Multiparidad.

- Peso fetal elevado.
- Edad gestacional avanzada.
- Partos con dinámica excesiva.
- Líquido amniótico teñido.
- Prostaglandinas E2.
- Amniocentesis.
- Cesárea.
- Embarazo con DIU.
- Maniobras de amnioinfusión.
- Abortos del segundo trimestre.
- Traumatismos abdominales.

En ninguno de ellos se ha demostrado una relación de causa-efecto. Tampoco se ha demostrado una predisposición demográfica, de raza, historia obstétrica, ganancia de peso, tensión arterial materna o vía de parto.

Sí existe relación estadística con antecedentes de **ATOPIA O ALERGIA MATERNA**, presente en el 41%

de estas mujeres; por ello hay varios autores que atribuyen la etiopatogenia de la embolia de líquido amniótico a una reacción anafiláctica de la mujer a algún componente de este medio.

Se ha observado mayor el doble de posibilidades incidencia de este cuadro con fetos de sexo masculino.

El 50% de casos se acompaña de un desprendimiento de placenta normalmente inserta.

Los resultados mostraron una gran variación en cuanto a la aparición de embolias por líquido amniótico en función de la edad de la madre. Por un lado, ser menor de 19 años resultó ser un factor protector, ya que la frecuencia del fenómeno en este grupo era muy inferior a la general (1,1 por cada 100.000). Sin embargo, "las mujeres de más de 35 años tienen de sufrir este tipo de embolia durante el parto".

Entre las posibles causas subyacentes, los investigadores señalan que "la mayor parte de factores de riesgo recogidos en este estudio se pueden identificar como posibles causantes de contracciones uterinas fuertes, exceso de líquido amniótico y rotura de los vasos de la matriz", todo ello relacionado con la potencial aparición del embolismo.

FISIOPATOLOGÍA

La embolia de líquido amniótico es un proceso aparentemente ligado al paso de líquido amniótico y material fetal(sobre todo celular, proteico y mucinoso) a la circulación materna.Se desconoce la cantidad necesaria. Tampoco se conoce exactamente la puerta de entrada a la circulación materna. Se supone que tiene relación con vasos abiertos durante la dilatación, parto o cesárea.

En los inicios del trabajo de parto se rompen las membranas; la cabeza del feto presiona sobre el segmento uterino inferior y durante la contracción, el aumento de la presión intraútero provoca que el líquido amniótico fluya bajo las márgenes placentarias y pase al árbol vascular de la madre por algún orificio, que bien pudiera estar a nivel de las venas endocervicales, la placenta o traumatismos como la rotura uterina o en el momento de la operación.

Puede ocurrir, aunque de modo no frecuente, que no existan evidencias externas de rotura de membranas y que el líquido amniótico alcance la circulación materna a través de desgarros o fisuras altas de la bolsa de las aguas.

CRITERIOS DIAGNÓSTICOS DEL EMBOLISMO DEL LIQUIDO AMNIÓTICO (Clark 1995)

- Hipotensión aguda o paro cardíaco.
- Hipoxia aguda (definida como disnea, cianosis o apnea).
- Coagulopatía (definida como evidencia de laboratorio de consumo intravascular, fibrinólisis o hemorragiaclínica severa en ausencia de otras explicaciones).
- Signos y síntomas agudos que comenzaron durante el trabajo de parto, cesárea abdominal, dilatación y evacuación o dentro de los 30 minutos posparto.
- Ausencia de cualquier otra condición que pudiera confundir o explicación presuntiva de los signos y

síntomas.

TRATAMIENTO

Recordar la importancia de realizar correctamente la reanimación cardiopulmonar en la gestante, con desplazamiento del útero a la izquierda y extracción fetal tan pronto como sea posible.

El tratamiento es sintomático dirigido al mantenimiento de: la oxigenación, la circulación y corrección de la coagulopatía.

Aparte de los tratamientos habituales, algunos autores han publicado evoluciones favorables con otras técnicas terapéuticas como con hemofiltración arteriovenosa continua, tromboembolectomía pulmonar y by-pass cardiopulmonar de urgencia.

Algunos autores han sugerido la utilidad de altas dosis de corticoides y adrenalina al tratarse de una reacción anafiláctica.

CONCLUSIÓN

El embolismo del líquido amniótico es una de las complicaciones más temibles de embarazo, que no puede ser prevista por ninguna prueba diagnóstica.

El tratamiento es sintomático y de soporte vital.

Siguen existiendo muchos interrogantes acerca de su mecanismo etiopatogénico.

Existen estudios prometedores dirigidos al desarrollo de un método de diagnóstico precoz que permita una instauración temprana del tratamiento.

BIBLIOGRAFÍA

- Fundamentos de obstetricia SEGO. Bajo Arenas JM,Melchor Marcos JC, Mercé LT
- Temas de Medicina Interna. Lesiones por electricidad.Dra. M� Alejandra Rodríguez InglesDr. Miguel Marchesse.Septiembre de 2001
- Trastornos médicos durante el embarazo. By William M. Barron
- Clin Dev Immunol. 2012;2012:946576. Epub 2011 Sep 29. Current concepts of immunology and diagnosis in amniotic fluid embolism. Benson MD. Source Department of Obstetrics and Gynecology, Feinberg School of Medicine, Northwestern University, Chicago, IL, USA. m-benson@northwestern.edu

- Embolismo de líquido amniótico con evolución fulminante.M. A. Bermejo-Álvarez*, P. Fervienza*, M. G. Corte-Torres**, F. Cosío*, L. J. Jiménez-Gómez*, A. Hevía* (Rev. Esp. Anestesiol. Reanim.

2006; 53: 114-118)

- Embolism of the liquid amniótic. Revision work Dr. Narciso Argelio Jimérez(1), Dr. Rolando Pérez Buchillón(2), Dr. Raúl Ardelio Herrera Collado(3), Dr. Luis Carmenate Alvarez(4).

- Sepsis severa y shock séptico en obstetricia. Obstericia crítica 2008. Eduardo Malvino - Ó 2008

- Embolia del liquido amniótico.Obstetricia crítica 2007. Eduardo Malvino.

- Traumatismos en la embarazada*J. Macías Seda, J.L. Álvarez Gómez*, M.A. Orta***Profesora Asociada. Departamento de Enfermería. Universidad de Sevilla. *Catedrático. Dpto. de Enfermería. Universidad de Sevilla. **Facultativo Especialista de Área. Hospital Maternal Virgen del Rocío. Sevilla.

http://www.medynet.com/usuarios/jraguilar/cesarea%20de%20urgencia.htm

bebe.doctissimo.es/enciclopedia-del-embarazo/shock-obstetrico.html

http://www.prioridad0.es/index.php

http://es.scribd.com/doc/16791447/Shock-Anafilactico

http://tratado.uninet.edu/c010205.html

www.ingramcontent.com/pod-product-compliance
Lightning Source LLC
Chambersburg PA
CBHW072307170526
45158CB00003BA/1226